成功するエンジニアの不文律

技術者のための心得帳

The Unwritten LAWS OF ENGINEERING

W.J.キング 著
滝 敏美 訳

プレアデス出版

技術者のための心得帳

――成功するエンジニアの不文律――

著者略歴（University of California: In Memoriam, 1985 による）

ウィリアム・ジュリアン・キング
William Julian King（1902～1983）
カリフォルニア大学ロサンゼルス校教授

1902年にルイジアナ州バトンルージュに生まれる。ニューオーリンズで育ち、1925年にテューレーン大学の化学工学科を卒業。ジェネラル・エレクトリック社に入社し、1945年まで技術者として働いた。1945年から1946年までバッテル研究所で研究者として働いた後、コーネル大学の機械工学のシブリー校の校長となった。1949年にカリフォルニア大学ロサンゼルス校の教授となり、1969年に退職した。

1932年にメカニカル・エンジニアリング誌に発表した「熱伝達の基本法則とデータ」は伝熱工学の基本資料として有名であった。

1944年にメカニカル・エンジニアリング誌に発表した「The Unwritten Laws of Engineering」でアメリカ機械学会からメルビルメダルを授与された。

訳者序文

本書は、アメリカ機械学会の会誌「メカニカル・エンジニアリング」の一九四四年五月号、六月号、七月号に載ったW・J・キング教授（カリフォルニア大学ロサンゼルス校工学部）の The Unwritten Laws of Engineering の訳である。この記事は発表後に本として発行され、二〇〇一年には増補改訂版が出ている。ビジネスマン向けのバージョンも二〇〇七年に出版されている。訳者がこの本を知ったのは、アメリカ連邦航空局の航空機構造技術者向けセミナーの資料の中にオリジナルの抜粋が載っていたからである。七〇年以上も前の本であるが、今でも有用な普遍的な内容を持っている本であるからこそ、このように長い寿命を保っていると言えよう。社会の仕組み（会社の組織、法律、社会規範）は変化したが、人間関係や心構えのような人間の本質的なところは変化していないからであろう。タイトルは技術者向けとなっているが、内容は技術者に限らず組織に属する一般の社会人（特に専門職）に当てはまるので、技術者以外の人にも読んでもらいたいと思う。
底本には増補改訂版ではなくオリジナル版を使った。日本語に訳すことによってオリジナル版にある英語の古くさい表現が表れなくなるので、日本の読者は違和感を持たないと考えたからである。しかし、原文には差別的な表現があったので、一部削除した文章がある。また、この本が書かれた時代には、技術者は男性であるのが普通であり、そのような文章になっているが、これはそのまま残した。原文は構成がわかりにくかったので、訳文では項目番号をつけた。また、引用されている参考文献は戦前の入手できない本、論文なので、参考文献リストを省略した。最後に、カリフォルニア大学のウェブサイトにあった情報を基にして著者の略歴を追加した。

二〇一七年一一月一〇日

滝　敏美

技術者のための心得帳◉目　次

第一部　新人がまず学ばなければならないこと

著者は数年前に、どのようなエンジニアリング組織においても、個々の技術者、技術者のチームの成功の主なさまたげとなるのは、技術的なことではなく、個人的または組織的な特質に由来するという事実を痛感した。本に書かれた科学の法則に反して技術的な過失を犯したときよりも、職業上の行動に関する不文律に抵触したときのほうが、著者と同僚が面倒な事態におちいるということが明らかであった。その時点では、その不文律は見ることができる形の文章に書かれてはいなかったので、以下に示す「おきて」は最初はスクラップブックのような形で、大きな製造会社の設計部門の「職場規則」または「職業倫理規約」の形で作成され、集められた。それらは確かに断片的で不完全なものではあるが、仕事を始めたばかりの若い人と、これらのことをよく知っていても実際にはうまく対応できない年長者の役に立つと思われるものをこの本に提示した。

二、三、強調しておきたいことがある。これらの「規則」は決して机上の空論や想像上のものではない。当たり前で言い古されたことのように見えるかもしれないが、これを何度も破る技術者には、まわりの人は失望し、困惑する。

実際、この本は四つの技術部門における一七年間の観察から導かれた記録である。そのうちの三つの組織は新たに設立されたもので、試行錯誤による苦労の末に組織は確固たるものになった。規則は特別な見聞や一つの組織の特徴が強調されないようにするため、多くの議論、講義と文献に基づく他の見聞で補足され、確認されたものである。

さらに、これらの規則の多くは一般化されたものであり、特殊な場面では例外があるということを知っていなければならない。健全な判断力に優るものはなく、緊急時には形式を無視する強い意思も必要なので、規則に形式主義的に盲従せよというつもりはない。しかし、多くの点でこれらの規則は社会の基本的な規則と似ている。個々のケースでは例外があるにも関わらず、何度も破ることとがめられる。

一・一　自分の仕事について

(一) 最初に与えられた仕事がどんなつまらない、ささいなことでも、全力を尽せ。

若い技術者の多くは、技術的なプロジェクトの小さな雑用は自分が受けた大学教育に値しない体面を傷つける仕事だと感じている。そういう人は自分の真の価値を示すための大きな仕事を望む。しかし実際には、あなたが最初に与えられた地味な仕事を意欲的に首尾よくこなすかどうかを上司が注意深く観察していて、それがあなたのその後の仕事と昇進に影響する。

自分の現在の仕事で自分は将来どうなるだろうかとか、自分の仕事が重要か意味があるかどうかと不安になることがしばしばあるだろう。これはもちろん当然の考えで、これに関心を持つこともよいが、現在の仕事をうまくこなせば、自然に未来が拓けてくるというのが根本的に正しい。管理職が有能な人を責任のある重要な地位につけたいといつも思っている大きい会社の場合には特にそうである。成功というのは、性格、持って生まれた能力、精力的で聡明な実行力に依存しているので、リーダーとして並みの仕事をするよりも、小さなことで良い仕事をするほうが好機となると言っても過言ではない。さらに言えば、現在の仕事で良い結果を出さなければ、好きな仕事を与えられる機会はないだろう。

(二) 仕事をやり遂げる能力こそが重要。

これは、状況に応じていろいろな方法を使って目的を達成できるという能力である。具体的な能力のいくつかを以下に詳しく述べる。しかし、以下の三つの基本的な性格の組み合わせに集約できるだろう。

(ア) 活力
ものごとを始める率先力とてきぱきとものごとを動かしていく積極性。

(イ) 臨機の才、創意工夫
望ましい結果を達成するために必要な方法を見出す才能。

(ウ) 粘り強さ（がんこさ）

困難、失意、無視に耐えてこれを乗り越えることができる性格。

優れた技術者で、この最後の性質を欠いていることがよくある。そういう場合には、その人の有能さが大きく減じることになる。そういう生半可な人を「good starter だが poor finisher だ」という。次のように言うこともある。「彼をあまり信用してはいけない。今日はある考えに夢中だが、明日はその考えを捨てて他の夢を追うだろう。」したがって、たとえ完了させるという目的だけであっても、その仕事をやり遂げることが大事である。

㈢　プロジェクトを遂行する際には、だれか――職工長、供給メーカー他――が品物を持ってきてくれるのをだまって待っていてはいけない。彼らを追いまわし、しつこくいさがることが必要である。

これは、製造会社に入った新人が最初に学ばなければならないことである。新人は、注文したら、品物が届けられるまですわって待っていればよいと思っている。しかし、現実には、仕事の進捗はフォローアップと促進をどれだけやったかに比例する。促進とは、計画し、調査し、推進して、工程のすべての段階を円滑に進行させることである。障害が生じたときにはすぐに対処する習慣をつけるようにすべきである。仕事が慣性を失わずに進み続けられるように、他に助けを求めたり、方策を講じたりすることが必要である。何かを成し遂げようとするとき、どんなことでやる気を失うかは人によって大きな差がある。

その一方で、攻撃的で威嚇するようなやり方をすると嫌われ、全員を敵にまわすほど熱心に促進することで、逆に問題になることもある。他の部門に厳しい要求を求めるときは気をつけないといけない。過度な要求と強要は、個人の関心を奪うということから、技術的な失敗から生じる損害より重大である。

㈣　書いたもの（文書）であなたの指示や他の人からの約束を確認すべきである。

他の人がそれをやると合意したからといって、その仕事をやってもらえるとか、約束が守られると思ってはいけない。多くの人はよく記憶していなかったり、あまりに忙しかったりして、書いたものを見せないとまじめに対応してくれない。もちろん例外はあるが、時には第三者にそのメモのコピーを渡して証人になってもらうと効き目がある。

㈤　苦情対応や他の業務で出張する場合は、その業務に集中し、完了するまでやり通すこと。

若い技術者は、会社から離れて仕事をするとき、業務の途中であったり、きちんとできていなくても、帰りの列車に間に合うようにするためや他の約束のために帰ってしまうことをしがちである。しかし、出張を延長する必要があると上司に連絡をして、その業務を完遂すべきである。その業務を終わらせるために他の人が後でもう一度来るようなことは上司も顧客も望んでいない。

㈥　優柔不断であることを見せないようにしなさい。

技術者に対する最悪の非難は次のようなものである。「彼の意見は、いつも彼が最後に話した人次第だ。」事実を知り、深く考えるための十分な時間が得られるまでは、意見を言うことや、ある企てを支持することを控えるべきである。そしてそれに固執することが誤りであるという新しい証拠がないかぎり、決心した後はできるだけ最後までやりとおすべきである。当然、極端ながんこさや独断的な態度は避けるべきであるが、決断の変更はあなたの不利となることを知っておかなければならない。

(七) 遠慮せずに自分の考えを言うべきである。

若い人はエマーソン（訳注：R. W. Emerson（一八〇三〜一八八二）、米国の思想家）の「自己信頼」を読むとよい。やれと言われたことだけを、上司に言われたやり方でやればよいと思っている若い人があまりに多い。もちろん時には黙って従うのが賢明であることもあるが、一般的には、何か役に立つならばあなたの意見を言うことが自分のためになる。何も言わない静かで内気な人は言うべきことを何も持っていないと思われてしまう。

問題をどう扱ったらよいのかだれにもわからないということが、どのような仕事でもよく起こる。成功の確率を考えてどの案を選択するかという問題である。これは技術部門の会議でよく見られるものである。それが明確で妥当な案であれば、その提案を最初に口に出した者が自分の主張を通すチャンスがある。（最良の案かどうかはそんなに最初からわかるわけはない。）そのことを熟知していて自信満々に話す人が最終的にそのプロジェクトを任されることが多い。その仕事をやりたくなければ口をつぐんでいるべきであり、そうすればあなたのことはだれも顧みない。しかし、もっと重要な仕事ができたときにも、あなたは無視されることになるだろう。

㈧ 重要な実行案の承認を求める前に、その具体的な計画と予定表を作りなさい。

その案の遂行の細部についてよく考えられておらず、しっかりとした計画が立てられていない案を上司は承認しない。若い人はそれを実行する方策をよく考えなかったり、プロジェクトの困難さとかかる費用に対する現実の得失を考慮せずに、プロジェクトを提案することが多い。熟慮された案と中途半端な案の違いである。

(九) 口頭や文書による報告が簡潔、明快にできるように努力しなさい。

二〇語の一文で話せば済む内容を三〇分の漫然とした話としてしまうような人は管理職の敵である。簡単な質問に対して前置きや注釈ばかり述べて、答えそのものがはっきりしないというのが、技術者によくある性癖である。人によってはその人から単刀直入な答えを聞くことが難しいため、その人の評価が著しく低くなっているということがある。これは、質問に答える前に答えを説明するからである。確かにほとんどの質問には無条件で簡単な答えが出ることはないが、大事なことはものごとの要点を最初にできるだけ簡潔に述べることである。反対に、簡潔な答えを説明するために、関連する背景やその他の関連する事実を追加するのが必要であることもよくある。その場合のコツは、重要な情報を最小の時間で伝えるということである。だれにとっても時間が最も貴重なのだ。最も良い実例は新聞を見ればわかる。基本的な事実は見出しに九〇パーセント表されている。時間があってもっと読みたいと思えば、最初の段落に重要なことがほとんど書かれている。その後に続く段落にはそれほど重要でない詳細が続く。編集者が記事をスペースに収めるためには後の段落のほうを切り落とせばよい。あまり重要でない情報が失われるだけであるからだ。あなたの報告にもこの方法が使える。重要度の順序で事実を報告すれば、いつでも打ち切ることができる。

㈩　記述、説明、報告は絶対に正確でなければならない。

　これはあまりに月並みなことと思われるかもしれないが、多くの技術者が質問に対する答え（事実）を確認しないで憶測（「××のはずだ」）でものを言って、上司や同僚の信用を失っている。自分の職責に関する質問に対して答えることができるというのは重要ではあるが、間違った答えを言うというのは答えないことより悪い。答えを知らないなら知らないと言うべきであり、さらに「すぐに調べて回答します」と言うべきである。もし答えが確かでなかったら、その確からしさの程度や、その答えの根拠とした推量を示すことが大事である。他人から信頼されているという評判はあなたの最も重要な強みになる。これは当然、口頭による報告だけではなく、文書、計算等についても当てはまる。自分で注意深くチェックせずに報告書を上司に提出するのは非常にまずいことである。誤記や脱落が目立つ報告書が正式なものとして提出されてしまう。

一・二　上司との関係について

(一)　管理職は自分の管轄領域で何が起きているかを知っていなければならない。

これはあまりに初歩的、基本的で、自明のことである。自分の仕事の領域で何が起きているかを知らなければ自分の仕事を管理することができないという、非常に当たり前の事実からきている。これは部門長だけではなく、下位の管理者や特定の職責を持つその他の人にも当てはまる。この原則の正しさを否定する人はいないが、実際はよく破られたり、無視されたりしている。以下の規則がこのきわめて重要な要求を破ることに関連しているのでまず最初に挙げた。

(二) あなたは上司のために働いているという事実を忘れてはならない。

このことは簡単すぎると思われるかもしれないが、これを理解していない人が多い。確かに、われわれは社会のため、会社のため、部門のため、自分の家族のため、自分のために働いているのであるが、主に自分の上司を通して、自分の上司のために働いているのである。上司は直接の上役であり、直接報告すべき人である。上司がその役割を果たしているとすれば、原則として、上司のために働くことによって、他のすべての方面に対しても役に立つということである。若い技術者は、性急に仕事をやり遂げたいという熱意がありすぎて、上司を無視したり、上司に相談しないで仕事をしたりすることがありがちである。そのように性急すぎると、大きな組織ではそのやり方は許されないということを遅かれ早かれ知らされることになる。一般的に、上司を通さないで仕事をすることはできない。上司があなたの査定を行い、その中でも特に他の人と協力する能力についてあなたを評価する。加えて、多くの場合、上司へ個人的な忠誠心を捧げ、上司が仕事をやり遂げる助けになったと感じると満足するものである。

(三) 上司を選ぶ際にはできるかぎりこだわりなさい。

技術者の経歴に影響することとしては、どんな両親のもとで育つかに次いで重要なことである。ほとんどの技術部門では先輩技術者、特に課長の影響が若い技術者の職業的な個性を決定する主要な要因となっている。大学や教科書がなかった遠い昔、職人は親方の徒弟となって技能を吸収することにより、親方に成長した。ゴルフを習うのとまったく同じである。いくらルールを学んでも、初心者がへたなゴルファーといつも一緒にプレーしていると、いつまでもへたくそなままである。しかし、プロと一緒に少しプレーするだけで、ずいぶんうまくなるものである。

しかし、当然ではあるがいつも上司を選べるわけではない。上司が理想的な人でなかった場合にはどうしたらよいだろうか。選択肢は二つしかない。

(ア) 上司として認め、彼の考え方や指示にできるかぎり従って仕事をする。

(イ) 最初の機会に他の部署に移る。

この二つの選択肢以外のことが選ばれたら、会社も含め、関係者の利益の大きな損失となる。軍隊組織で兵卒が上官を嫌ってその命令を無視したり、自分の考えで命令を変えたりしたらその被害はどうなるか考えてみればわかる。もちろん会社は軍隊組織ではないが、無秩序な群衆でもない。

(四) 上司に対してしなければならない一番重要なことは、重要な進捗を常に報

告することである。

これは前に述べた規則から当然の結果として言えることである。管理者は今何が起きているのかを知っていなければならない。重要なことは、管理者がどこまで知っていなければならないか、どのくらい詳細まで知っていなければならないかということである。これは新人には難しい問題である。上司をうるさがらせるほど頻繁に報告することは避けようとする新人が多い。この規則に従うと確かにやりすぎになる可能性もあるが、圧倒的に多くの場合、上司が必要としていることは十分な報告内容から重要な情報を引き出すことにある。そんな細かいことでわたしをわずらわせるな」と彼はいつも言うかもしれないが、「どうしてだれもこのことについてわたしに報告しないのだ？」とも何度も言うだろう。次のことを心に留めておくべきである。あなたの上司は自分の上司から常に説明を求められており、あなたの活動を守り、説明する必要がある。あなたの活動を大きな計画に合わせて調整する必要もある。要するに、この二つの目的のために上司が必要とするすべての情報をただちに彼に報告するというのがこの規則である。

(五) 上司が要求することを最優先すべきである。

最初にやるべきもっと重要なことであると自分が思っても、上司から指示された仕事以外のことを上司の許可を得ないでやるのは賢明ではない。原則として、上司が指示した仕事は今やってほしい仕事であるはずで、より緊急と思えるあまり目立たない仕事よりも、あなたの評価にもっと大きな影響を及ぼすことが多い。

さらに、次のことを心に留めておくべきである。何か仕事を指示されたあとで、（新しいデータや状況から）自分がその仕事はやる意味がないと判断したとしても、決してただその仕事をやらないことにするのではなく、上司に自分の考えとその理由を報告すべきである。これを無視すると、後で問題になることが多い。

㈥　上司の指示に従うことに満足していてはいけない。

この規則はこれまでに述べた規則の別の面を示している。上司の考えへの度の過ぎた従属や盲従も若い技術者には多く見られる。この種の性格の技術者は次のような行動をする。

① 常に詳細な指示と承認を上司に求めてうるさがられる。
② 自発性を完全に放棄し、自分の考えに基づいて実行しなければいけないことまで上司に頼る。
③ 元の案や計画が間違っているという新たな証拠が出てきた後でも、元の設計や計画に固執する。

これが技術部門と軍隊の違いである。一般的には、部門長によって立案された計画は試案であって変更が許されないものではない。さらに良い案が提案され、承認されるまで使われるものとして立案されたものである。したがって、規則は次のようになる。適切な頻度で実施したことを上司に報告し、自分が考えた計画の変更や新しい案を上司に提案し、承認を得るべきである。

一・三　同僚や外部の人との関係について

(一)　他の部門の領分に、その部門の責任者に知らせずに、または、了解を得ることなしに立ち入ってはならない。

これは非常によくある規則違反で、際限のないトラブルを引き起こす元になる。細部に関しては例外もあるが、この規則は特に以下のような場合に当てはまる。

(ア)　他人の部下の使用。その人の上司の許可を確認しないで、だれかに仕事を提案してはならないし、そのことを言い出してもいけない。人にはじゃまをされたくない理由があるものだ。

(イ) ある特別な業務や出張のために他人の部下の時間を拘束したり、仕事をさせたりすること。公式な会議で自分の部下に緊急の仕事を与えた後に、他の管理職があなたに知らせずにその部下を出張に出そうとしていたら、あなたはどう思うか考えてみよう。さらに、すでにそれをやっていたらどう思うか。

(ウ) 顧客や外部に対して、自社の他の部署が関わるような約束をすること。この件については、特に次のことを心に留めておくべきである。あなたが社外、または管轄外の地域に出ているときには、あなたはそれを管轄する管理者または管轄する事務所の支配下にあり、すべての交渉は、あたかもその管理者の家にいるのと同じように、管理者の承認を得なければならない。

(エ) 他の部署や他の人に与えられた仕事をすること。この規則を破ると、大きな恨みを買い、はかりしれない損害をこうむる。この規則は以下の三つの根本原則に基づいている。

① ほとんどの人は自分の領分を他の人に侵害されること、自分の役割をとら

れて仕事を盗まれることを非常に嫌う。

②　このような干渉から混乱と誤解が生じる。ある仕事を任されている人は普通あなたよりもその仕事についてよく知っており、あなたが十分知っていると思っていても、あなたがある重要なことを見逃すことが十分ありうると言える。

③　あなたが他の人の仕事をする場合、あなたは一〇回のうち九回は自分の仕事をおろそかにしている。どの技術者であれ、管理者であれ、自分自身の責任に没頭しているので、とうてい同僚の仕事に手を出す余裕はないはずだ。

この最後の規則については観察から得られた重要な次の注釈を付け加えよう。一般的に、あなたの時間を使って他の人の仕事をしても、あなたの手柄にならないし、感謝もされない。しかし、次のようなことはよくある。まず自分の問題を片づけて、その後に他の部署の業務に理解と積極的な興味を示せば、より大きな責任のある職に昇進する可能性が出てくるだろう。自分の仕事はもちろんのこと、他の人の仕事も面倒を見る能力を示すことで多くの人が昇進している。

(二) すべての業務において、その業務に関係するすべての人に知らせることを忘れてはならない。

大きな会社では、方針を新たに決めようとする場合に、会議に出てきていないか、会議に呼ぶことを忘れた部署や個人の利害を見落としがちである。そういうことがあった場合には、それをやめなければいけなくなるか、大きな損害が出ることになることが非常に多い。たとえ害がないことが明らかである場合でも、その件について利害関係がある場合には、たいていの人は無視されることを嫌がる。そして、やる気にも大きく影響する。

当然のことながら、場合によっては形式にかまっている時間がなくて「かまわず進め」と前に進めなければいけないこともあろうが、いつでもそれが無事に行くとはかぎらない。

この規則とその前の規則に関して特に注意しなければならないことは、人が気分を害する主な原因は、知らせることをせず、同意を得ること無しに他の人の領分を犯すことにある。あなたの仕事をやり遂げるために、あなたが他の人の仕事をやってあげるのは、その人にとって好都合だろうと思うかもしれないが、あなたはまずその人にやってもらうことを頼むか、あなたが代わりにやることの許可を得なければいけない。この規則を破ると、あなたは無礼であると言われるだろう。

(三) 他の部門の利害が関わっている場合には、手紙、メモ等のコピーを配布する相手について気をつけなければならない。

他を傷つけたり他人を困らせるような文章を含むメモを、若い人が配布することで問題を起こすことが多い。文書にそのような爆弾がひそんでいるかどうかを認識することは新人にとっては難しいことではあろうが、一般的に言って、他人の領分を犯したり、だれかの重大な落ち度を暴いたりして問題となりがちである。その文書が広く配布される場合や、製造または顧客の問題を扱っている場合には、確固たる自信がないならば、配布する前に上司のところへ行って承認を得るのがよいだろう。

㈣ 約束、スケジュール、見積が仕事にとって必須の重要な手段である。

このことを理解している技術者は少なく、約束というわずらわしい責任を回避しようとするのが普通である。しかし、自分の担当部分に関する自分のスケジュールの見積と、関係する部署から得た見積に基づいて約束する必要がある。「非常に多くの不確実な要因があるので約束できない」という古くからある決まり文句で逃げてはいけない。一年前に全技術部門の予算案を作る技術部長の前に立ちはだかる「不確実な要因」を考えてもみるとよい。まず最初に次のように質問すれば、非常に不確実な問題もずいぶん絞り込むことができる。「数時間でできることなのか、数か月かかるのか？　数日でかたづくのか、数週間かかるのか？」すると三週間ではできないけれども、五週間はかからないだろうから、四週間と言っておくのがよいだろうということになる。この見積では、万一の場合に一週間の余裕を持っており、妥当な基準値と言える。最小値または最大値をとるのはよくない。良い技術者は、仕事の重要度に応じた速さで一所懸命にやってできるスケジュールを立てる。

この規則から導き出せる規則として次のようなものがある。他の部門の責任ある代表者にスケジュールの見積を要求すべきである。約束、またはある事実の表明を受け入れる際には、他部門の代表者が本当にその部門を代表しているのかどうかを確認することが重要である。他の人の約束を無視したり、過小評価したりすると、あなたがその人に異議を唱えたことになり、あなたが自分でその責任を負うことになるのを忘れてはならない。もちろんこのようなことが必要な場合もあるが、熟慮のうえのことでなければならない。見積をまとめる場合には、他の人による見積は、理想的には、個人小切手と同じくらい信用できるものでなければならない。

㈤　他の部門にやってもらった仕事に満足できないときには、その仕事の直接の責任者に苦情を伝えなさい。

その仕事をやった人にではなく、その頭越しにその人の上司に苦情を言うと怒りを買うので、直接言っても効果がなかった場合だけにするべきである。その人が苦情の件を改善する機会を与えられなかったり、不満があることさえ知らされずに、そういった苦情を上司に伝えられる事態は避けるのが望ましい。

あなたがいつも直接か近しく交渉している人、またはその人が業務をまかされていることをあなたがよく知っている場合に、これが特にあてはまる。苦情をその部門の長に提出するのが公式的であり、正しい場合があり、すぐ効果が出る。しかし、多くの場合、あなたが担当者にそれを直すチャンスを与えず上司に苦情を言ったことについて、あなたは非常にうらまれることになる。

上司に直接苦情を言うことの次にまずい規則破りは、苦情や言外の批判を含んだ文書の写しを上司に送ることである。場合によってはそのようなやり方を正当化できるかもしれないが、あなたは自分がしていることの意味を理解していなければならない。

㈥　顧客や外部の人と交渉するときは、表向きはあなたが全責任と全権限を持って会社を代表していることを忘れてはいけない。

あなたは大学を卒業して数か月しか経っていないかもしれないが、それでも外部の人は交渉において、あなたをあなたの会社の法律上、財務上、技術上の代理人であるとみなす。したがって、業務の約束をする場合には慎重でなければいけない。

第二部　主に技術部門の管理職について

管理職のだれもが賛成するが、実行しているのは本当に優れた管理職だけという基本的な規則を示そう。

二・一　個人的な行動とその方法

(一)　管理職は自分の管轄領域で何が起きているかを知っていなければならない。

重要性を強調するため、この項の条文の先頭に再掲する。あなたが同僚と部下に依存しているということに関しても同じことが言えることを忘れてはいけない。

大きな、または事態の重大な進展に関してこれが適用されるのであり、部下に与えた仕事のささいな詳細まですべてを把握せよということではない。仕事のじゃまになるほど報告させるのはいけない。しかし、管理職がより多くの情報を持っているほうが仕事をよりよく管理できるというのは、基本的な事実である。

(二) 自分で全部をやろうとしてはならない。

これは基本的な条文のひとつで、だれもがこれには賛成するが、それでも破られることが非常に多い。この規則を破るのは本当に良くないことである。あなたにとって悪いし、その仕事にとっても悪い。そして部下にとっても悪い。すべての範囲をあなた自身でカバーできるとしても、部下に任せることが必要である。ひとりの人間に依存しすぎるのは賢明ではないし、部下に対して不公平である。管理職はいつでもひと月の休暇がとれるように仕事を手配して、すべてがうまくいくようにしなければならないとよく言われる。仕事を全部ひとりでやろうとするときによく使われる言い訳は、部下が若いとか、経験不足ということである。しかし、部下を育てることもあなたの仕事の一部であり、自主性、能力、判断力をつけさせるということも含まれる。部下を育てる一番良い方法は、自部門に重大な問題となる危険がない範囲で全責任を部下に与えることである。自尊心のある技術者は、部門長の許可が無いと非常に簡単なことも許されない状況、つまり未熟者のように扱われることを嫌う。

反対に、細々としたことが常に簡単なのではなく、時には大量生産の機械のひとつのねじの長さを変えるために、上部委員会を開く必要があることもある。要するにすべての事柄が適切な能力と経験を持った人に任されているかどうか確かめればよい。

(三) 自分の仕事に専念するときには、最初にやるべきことを最初にやりなさい。

物事にはいつも最適なときがあるわけではないので、重要なことに最初に注力するという習慣をつけることが重要である。重要なことというのは、責任を持たされている仕事のことである。重要なことがどれかわからないなら、すぐに見つけ出して心に留めておかなければならない。自分の時間を割り当てる際にこれらの責任ある仕事を最優先とするべきである。スケジュールに入りきらない事項はできるだけ他のだれかに任せるのがよい。あなたの仕事の重要な部分でないかぎり、他の人や他の部門にやってもらえるような小さな仕事や雑事を自分ではしないというのが一般的な規則である。たとえば、あなたの仕事がモーターを製作することであるなら、そのモーターの計測をする特殊な振動計または音量計を設計するのにあなたの時間を費やすのは間違いである。研究部門がそれをやってくれるだろう。このような特別な問題を扱う場合には、他の工場や他の会社の専門家に依頼する前に、身近な部署でやれないか検討するのがよいだろう。小さな仕事のためだけではなく、重要な仕事のために利用可能な手助けをできるだけ使うというのも有効である。これは特に大きな組織の場合に当てはまる。大きな組織では専門家、顧問技師、研究室やその他の部門が無料か、外部に頼むより少ないコストで利用可能である。実際、自分の仕事だけか、または管理者としての仕事か、あなたが持っている特別な能力、技量で貢献できる仕事か、自分の能力を自然に生かせる仕事をするのが良い結果を生むことが多い。たとえば、他の会社の製品を販売する特別な能力や、低価格で市場を獲得できる競争力のある製品を製造することで、すばらしい成功をおさめている会社がある。同様に、航空機製造会社は特別な空力技術に精通することに注力しており、エンジン、過給機、プロペラやその他の部品の開発はその分野の専門会社に任せている。一つか二つの分野で優れた才能を持つのがやっとなのだ。

㈣ 問題をできるかぎり単純化する習慣をつけなさい。最も単純なことにまで落とし込む習慣をつけなさい。

複雑な状況をその基本的で本質的な要素に絞り込む能力は、経験から得られる知恵であるが、人によって大きな差がある。いつも事態を混乱させるとか、「木を見て山を見ず」とか言われる人がいる。たぶん、よく考えてもそのような持って生まれた性質を直すことができない人もいるだろう。しかし、多くは習慣の問題であろう。その習慣というのは、心理的に見晴らしのきく適切な地点に立ち、多くの事実を適切な視点で調べることができるか、それとも細々したことにのみ込まれて見失ってしまうかという違いである。統合し、集約し、要約する訓練をしなければならない。事実を分割、複雑化、分解するのではなく、事実を単純化するのである。たとえば、会議で論争が長引いた場合、だれかが次のように言わないといけない。「みなさん、突き詰めて言えばこうなりますね」とか、「しかし、この問題の基本的なことはこうであると合意できませんか」とか、「結局、本質的な事実は次のようなことですね。」と。

このような心理的な鍛錬、すなわち、ものごとの本質の重要な点に直観的にたどりつく能力は有能な管理職にとって最も重要な資質の一つである。

(五) 技術的な緊急事態に際して慌ててはならない。地に足をつけていなければいけない。

これは非常に当たり前のことであるが、それでも技術部門がちょっとした危機でパニックに近い動揺の状態におちいることがある。これは特に工場や現場から重大で困った問題に関する悪い知らせ、たとえば装置の故障の異常発生が伝えられたときのことを言っている。危機というものは最初に見えたほど悪いわけではないことが多い。だから、悪い状況をことさらに強調しないようにするべきである。トラブルの兆候を見落とさず、不意を打たれないようにして、本当の問題と関連のない事象との区別をつけなければならない。重要なことは、できるだけ早く、できるかぎり直接的にまず事実を認識することである。その後で、信頼できる筋から十分な証拠を入手して、合理的な決断に到達したらすぐに行動するべきである。

㈥　技術的な会議は大きすぎてもいけないが小さすぎてもいけない。

管理職には大きな会議を病的と言っていいほど嫌悪している人が多い。これは、重要なことが大きな会議で成し遂げられたことはないという格言を反映している。確かに、大きな会議では、議論が概して表面的で、多くの対立点や関係のない観点に発散することが多い。しかし、これはほとんどが議長の能力の問題である。大きな会議で、長い沈黙や議論の堂々巡りにおちいらず、議論が主題から逸れないようにするには、かなりの技量が必要である。問題に関係する事実を筋の通った順序で持ち出し、いろいろな争点に関する合意を得ることが、議長や議長を務める管理職の役目である。このために次のような手段をとることができる。

(ア) 具体的な提案に同意を求める
(イ) 票決する
(ウ) 自分で決断する

十分な指導がないと、技術的な会議は長引く口論に堕することがある。このような危険性は会議の大きさに比例するようである。三、四人の小さい会議では、計画を作ったり、難しい問題を解決したりするのがやりやすい。主な欠点は、関係するすべての部門が出席しているわけではないので、重要な事実や観点を見落とした結果、重大な損失または損害が生じる可能性があるということである。実際に損害が発生するだけではなく、無視された部門は強いうらみ、または失望を感じる。(植民地が英国議会に代表を出せなかったという事実がアメリカ独立戦争の大きな原因である。)

参加者によく情報が伝わっていたとしても、関係するすべての部門が技術的な議論に参加すればうまくいくというわけでもなく、望ましいわけでもないのが普通である。しかし、一般的には、審議中の内容がその部門の責任になっている場合にはその部門の人に出席してもらうのが適切であり、有益である。

この点で過激な異議が出るのを防ぐのに最も得策であるのは、議論される事項に責任を持つキーパーソンを参加させ、会議を小さくすることである。

どういう会議であっても重要なことは、課題を直視し、処置を決めることである。課題から目をそらして、処置を先送りしたり、「成るがままに放置する」ことがあまりに多い。管理職の管理機能が働かないと、事態は常に「自然に」動いていくけれども、それは管理とは言えない。何をしなければならないか、だれがいつ、それを行うのかについて、明確な合意に到達しなかった場合は、会議がうまくいかなかったと考えるべきである。これらのことを文書（議事録）で確認するべきである。

㈦　すばやく明確な決断をする習慣をつけること。

もちろんこれは管理職の仕事のうち最も難しく重要なものである。間違いを犯すのを恐れるあまり、小さな問題について決断するのにも躊躇するような管理職もいる。普通は訓練によってできるようになるものであるが、簡単な原則を知ることによってより早くできるようになる。

(ア) 重要な事実をつかんでいれば、決断が容易にでき、より正しい決断ができる。したがって、情報がよく入ってくるようにするか、あるいは決断をする前に関連する事実を引き出すようにするのが効果的である。次のようなこともよく言われる。すべての事実が手元にあればだれでも決断できる。しかし、良い管理職は事実を手に入れるのを待たないでも同じ決断ができるものだ。この点で適切なバランスを保つには、疑問がある場合には次のように自問自答すべきである。「即断するのがよいだろうか、もう少し情報を集めたほうがよいだろうか?」と。

(イ) 判断をしやすくするためには、基本方針、指針を前もって決めておくことである。この本はその目的のために経験をまとめたものである。できれば、自分のための指針を作るとよい。そうでなくても、ユークリッドの公理やニュートンの運動の法則を記憶するのと同じ理由から、少なくとも指針のようなものを持つべきである。

(ウ)　常にあなたの決断が正しいという必要はない。良い管理者は一〇〇回のうちの五一回だけ正しければよいと言われる。(もちろん、もう少し確率が高いほうがよいのだが。)

(エ)　判断が難しいというのは、何が起きても全体の損失が大きくならないように、いろいろな選択肢のメリットとデメリットのバランスをうまくとることが難しいという意味である。このような場合には、最終的に最善の判断にたどりつくよりも、なんらかの判断(どんな判断でもよい)をなるべく早くすることのほうが重要であることが多い。だから、確固たる態度をとり、最後まで見届けるようにすべきである。

(オ)　相容れない見解がある問題に関して決断する場合に、すべての人を満足させようとするのは無益なことである。必ずすべての人から公平に話を聞き、すべての関係者の意見を聞き、すべての事実が議論された後は、だれかがその結果に不満を持つとしても、断固として処置を決定することだ。そうしないと、すべての人が不満を持ち、最も恩恵を受ける人でさえあなたのあいまいな態度に失望するだろう。

他の要因が決定的でない場合に、以下の基準が行動方針の選択に役立つ。次のような質問を自分にしてみよう。

① それによって、仕事が促進され、進展するか、それとも遅れにつながりそうか。

② それは公平、公正、公明正大であるか。

③ それは既成の慣例、前例、方針に従っているか。一般的に、これらからの離脱には正当な理由が必要である。

④ 以前の判断または考えと一致しているか。変更する正当な理由があっても、頼りないという印象を与えることをまぬがれない場合がある。「彼は優

柔不断である」と思われてしまうのが通常の反応である。（しかし、この基準は「他の要因が決定的でない場合」だけにされるものであるということに注意されたい。変更が正当である場合には、信念を貫くべきである。）

⑤　勝算はあるか。やってみる価値があるか。選択肢のうち、得る可能性のあるものと失う可能性のあるものを比較するとどうか。万一起こりうる最悪の事態が、得るものに比べてそれほど悪くないという解が見つかることがよくある。

「やらなければ何も得られない」という進取の気性を抑制するような過ちを犯してはいけない。失敗を想定すること、時にはある程度のリスクをとることや失敗したときにその責任をとることはむしろ健全なことである。もっと言えば、経験という観点からは、有益でない失敗は無いのだ。

結局、「自分の信念に対する自信」というのは、批判または自分の行動を説明する必要性に対する過度の心配をすることなく、技術的、道義的に正しいとわかっていることを実行する勇気である。問題の単純で本質的な事実を説明するだけで、やっかいな状況がただちに好転し、有利に転じることがあるものだ。それは次のとても単純なことに帰着する。すなわち、あなたの行動の理由が正当であれば、他人からの攻撃を心配する必要はない。もし正当でなければ、それを取り繕うことはしないで、ただちに訂正すべきである。

(八) 大事な決断または方針を発表する前には、必要な「準備」をしなければいけない。

時間が許せば、事前にいろいろなキーパーソンや直接関係のある部門と話し合って、発表の根回しをするのがよい。実際、これは交渉上の初歩的なテクニックであるが、技術者間の習慣ではほとんど無視されている。

直接関係する人たちや、後で猛烈に反対する可能性のある人たちに相談することなく、重大な変更、新しいやり方や方針の開始を発表すると、不満や反感を買うことがある。

二・二　設計開発プロジェクトの管理

(一)　技術的な計画をたてるときには「確実性の危険（リスクをとらないことによる危険、弊害）」に気をつけなければならない。

確実性の追求に関心が行きすぎてかえってもっと危険な、不確実な状況になったりすることは人間の経験による学習の基本的な欠陥の一つである。競争が激しい状況では、大胆に、勇敢に機会をとらえる必要がある。そうしないと他の人にとられてしまう。あなたが追いつこうと息を切らして走り続けても、負けてしまう。あなたが技術幹部としてやらなければならないことは、難しい開発プログラムを企てることにより、リスクをとり、また、そのままリスクをとり続けて、高い目標を掲げ、その目標を達成するために積極的に働くことである。技術部門は有能な指導があれば、緊急事態の重圧のもとでも困難な状況におちいらずにすむ。そのような「緊急事態」を好まないなら、次のことを覚えておくとよい。前もって自分で緊急事態を作り出さないと、後でもっと困る時期に競争相手が緊急事態を作り出すだろう。リスクを最小にするには、新しいプロジェクトの失敗に備えて代替案、または退却するための「逃げ道」を作っておくのがよい。このようにして起こりうる損失を限定化することによって、損失をこうむることなく大きな利益を追及することができる。

(二) 計画をたて、その計画にしたがって実行しなさい。

開発または設計プロジェクトを進める次の手法は工業界で標準的なものである。

(ア) 目標を設定する。
(イ) 達成すべき個々のステップの概略を示し、作業を計画する。
(ウ) 明確なスケジュールを設定する。
(エ) 個々の作業の責任者を明確に決める。

(オ) 各責任者に十分な人手と便宜が与えられていることを確かめる。

(カ) フォローアップ：進捗状況をチェックする。

(キ) 必要に応じて計画を見直す。

(ク) 「ボトルネック」、「行き詰まり」、「欠落しているもの」がないか見守って、遅れているものを素早く処置する。

(ケ) 予定どおりに完了するように、促進する。

(三) 最後になってあわててスケジュールに間に合わせることにならないように、生産に入る十分前に開発が完了するように計画をたてるべきである。

設計作業を行う部門が開発プロジェクトを管轄するのに最適任であるというのがものごとの道理である。これは、生産の実際的な問題、性能、市場からの要求を設計者が熟知していることからきている。しかし、当面の問題にこだわるという設計者の持って生まれた性向から逃れるためには、それほどスケジュール的に厳しくない長期の開発プログラムを実施することによって、十分な見通しを得ておくことが必要であると言える。したがって、世の中の動向をつかむために十分なビジョンを持ち、要求が差し迫った状況になる前に研究開発を開始することが管理者の役割である。つまりこのようなプロジェクトを十分早い時期、たとえば六か月前とか一年前、さらには二年前に始めるということを意味している。そうすることによって、プログラムの中で必要なすべての開発段階を余裕を持って計画的に進めることができる。

たとえ新しい設計が旧い設計の単なる焼き直しであっても、開発プログラムを十分早く計画し、製品を市場に出すまでのすべてのプロセスを見込んでおくことが重要である。たとえば、代表的な平時（平和時）の製品の開発を実施するには以下のプロセスが必要である。

(ア) 市場調査
(イ) 商品仕様の準備（営業部門と設計部門で合意した製品の機能、性能）
(ウ) 初期設計
(エ) 試作品の製作と試験

(オ)　最終設計
(カ)　製品の製造と試験
(キ)　初期製造計画とコスト見積もり
(ク)　製品図面の正式発行
(ケ)　製造計画とコスト算出
(コ)　材料と製造治具・設備の発注
(サ)　製造手順書と検査手順書、取扱い説明書、操作マニュアル、整備マニュアル、交換部品カタログの準備、宣伝発表
(シ)　初期生産
(ス)　初期生産品の試験・検査
(セ)　初期不具合の修正と生産効率化のための設計手直し

以上の活動のうちのいくつかは同時に実行できるが、注意深く計画しないと失敗することがある。

㈣　開発が十分に進んだときに、設計を確定する。

もちろん、どこまで進んだら十分であるかというのは簡単ではない。しかし一般的には、プログラム上の残っている作業をスケジュールどおりに完了するために十分な時間があって、設計仕様とコストの要件を満たしたときがそれにあたる。設計者には、約束した性能をはるかに超えたとらえどころのない完全なものをめざして、次から次へと改善したいという誘惑が絶えずつきまとうものである。しかし、新たな設計改善がいずれ必要になるのは普通のことであるのを忘れないでほしい。性能、品質、コストにかかわる仕様を満足していさえすれば、スケジュールに間に合ったもので始めるのがよいのである。

㈤　実際の費用、時間、人数と見合った成果が出ていることを確かめるために、常に進捗と動きを見守ること。

ニュートンの運動の第一法則（慣性の法則）のせいで、投じたリソースに対して満足できる成果が出終わった後に、事態が進展することが往々にしてある。だから、用心しなければならない理由は明らかである。ここに挙げたのは単に覚えのためである。

㈥ 定期的な進捗状況の報告書とプロジェクトの完了報告書を提出させること、提出することを義務付けること。

あなたの部下からの報告にしてもあなたの上司への報告にしても、このような雑用は面倒であると思われるかもしれないが、この規則を確立しないことには仕事が組織的に管理されていることにはならない。事実を集めさせ、評価させることをやらせておくことほど強力で効果的な管理方法はないように思われる。

さらに言えることは、一般的に、他の部門が、それらの情報を簡単に見つけられ、使うことができるように、情報を総括し、記録し、その記録が保存されるまでは、技術的なプロジェクトは完了したとはいえない。この種の情報が個々の技術者の記憶に託されているようでは、多大な労力が無駄になるか、重複することになってしまう。

二・三　組織に関する注意事項

㈠　一人の人が持つ直接の部下の数をあまり多くしてはいけない。

一般的には、技術部門の管理者の直接の部下は六人または七人より多くてはいけない。強力なリーダーが一五人から二〇人の部下の面倒を見ることもたまにはあるかもしれないが、そのような場合には、他のリーダーの地位と職務を奪っており、自分が細部にまで入り込み過ぎ、十分に部下の面倒を見きれない。

㈡　はっきり責任を割り当てること。

自分の仕事が何であるか、自分の責任は何であるかをだれも知らないというのは、やる気と能率に対して非常に有害である。責任の割り当てがはっきりしていないと、絶え間ないいさかい、混乱、悪感情が生じやすい。仮の組織変更のままにしておかないこと。後で変更したくなるかもしれないからと決定を先延ばしにするより、その状態をすぐにやめ、後で改めて変更するのがよい。問題とは真正面に取り組むべきである。「ものごとがどう展開するか様子を見よう」というのは安易であるが、人を掌握するのに必要となる時間はともかくとして、管理のしかたとしてはまずい。

可能なかぎり、ある特定の職能に関する責任を分割することは避けるべきである。理想的には、各個人がその人の職能を遂行するのに必要なすべてのリソースに対する権限と裁量権を持っているべきである。普通、次の格言で表される。「権限と責任は見合っていなければならない。」これは現実にはなかなか実現できないことである。どこかでは他の人の仕事に頼る必要がある。そうとは言っても、他人への依存をできるだけ少なくしようしなければならない。しょっちゅう他の部署に自主的な協力や許可を要請しなければならないとしたら、何かを遂行することは非常に難しくなる。これは「仕事をできないようにした組織」と呼ばれている。

責任の分割（または仕事の分割）という問題の解決策は協調である。たとえば、製品の設計というような仕事を、開発設計、図面の作成、製造設計に分割するならば、当然これらの機能はひとりの設計責任者によって調整されなければならない。

(三) 十分な法的権限を持っていなくても、必要な権限を持っているようにふるまいなさい。

南北戦争のときのこと、ある晩、北軍の砲兵中隊に狭い山間の峠に砲弾を正確に打ち込まれたために、味方の貨車が止まっていることを南部同盟の将校が知った。彼は制服を敵軍のものに着替えることもしないで、馬に乗ってその北軍の砲兵中隊の後ろのほうにつき、急に姿を現して大砲の向きを他のほうに向けるよう厳しく命令した。北軍の砲兵は即座に従った。南軍の将校が有無を言わせないようにふるまったからである。将校は自分の隊にすぐに戻った。彼のまさかの越権行為に北軍はだれも気がつかなかったので、貨車は峠を越えることができた。

一般的にはこのような行動は勧められることではないが、この逸話は場合によっては管理権限を持っていなくても大きなことを成し遂げることができることを示している。重要なことは、他人の利害と権限を犯さないように十分な注意をはらって実行することである。

この教訓は以下の三つの基本的な経験に基づいている。

① 直接に権限を委譲されることによって、その人の管轄できること以上の、より大きな責任を負わされることがよくある。

② 慎重に行えば、非常に大きな権限を得ることが可能で、良い結果を得ることができる。一般的に、だれでもその場を取り仕切っているように見える人に従う。ただし、その人が何をしているのか知っているように見え、望む結果を出していればの話である。

③　それがうまく使われさえすれば、管理者の多くは部下に喜んでそのような権限を与えるだろう。しかし一般的に言って、管理者は部下を引き留めておくよりも前面に出すことのほうを嫌がる。

(四)　「ボトルネック」を作らないこと。

ある人が自分の業務が完了する前にその仕事の結果を次の部署にまわさなければならないようなことが起こるというのは、業務の進め方が定型的になりすぎているからである。そのような融通のきかない管理のしかたが大きな問題を起こすことになりかねない。幸いなことに、問題は早い段階でわかるのが普通であるので、そのような機会があったらすぐに、ふさわしいチームに知らせることができれば、別のやり方に変えたり、緊急時の行動の自由を許したりすることによって容易に問題を避けることができる。

(五)　技術部門の組織を作るときには、製品ごとに責任部署を決めるのと同じよ

うに、技術領域ごとに責任部署を決めるべきである。

これが設計部門をより有効に使う方法である。その考え方は、各技術者に以下の二つの責任を与えることである。

(ア) 特定の製品、または使用する装置

(イ) 潤滑、熱伝達、表面処理、磁性材料、溶接、油圧等の専門的な技術領域

グループのすべてのメンバーにこれらの責任の割り当てを知らせておく必要がある。各領域に関するすべてのデータ・情報がしかるべき専門家に託されており、その専門家がコンサルタントや試験室の窓口等として機能する。費用的に見合えば、重要な技術領域に関してはフルタイムの専門家を配置することが望ましいこともある。つまり多くの製品に共通する主要な技能と技術を個々の技術者が知っていなければならないと期待するのではなく、そのような専門知識を蓄える場所を作るということである。

二・四　部下に対する義務

㈠　部下が個人的、専門的な関心を持つようにすべての機会をとらえて奨励すること。

これは上司の義務であるだけでなく、絶好の機会であるとともに特権でもある。

一般原則として、個々の技術者の関心事は企業の関心事と一致しているはずであり、両者が対立してはならない。国家または社会の関心事と同じように、企業の関心事が先に提示されなければならないことは明らかであるが、実際にはほとんどされない。企業と社員の関心事を両者の利益につながるように一つにすることが、管理職の責務の一つである。両者の関心事はもともと独立したものなのだ。

個々の技術者の士気と忠誠心を保つことが企業にとって有益であることは明白である。これは労働組合と良好な関係を維持するという考え方と同じである。技術者の組合を作るという企てがうまくいかなかったのは、技術者の関心事が彼らの上司によって適切に面倒を見られていると技術者本人たちがよく認識していたからである。

士気というのは組織にとって非常に重要である。士気は主に信頼関係があってこそ成立するもので、人が常に公平に扱われていると感じていて、時には特別に配慮されていると感じている場合に高まるものである。

これから導き出される教えは以下のとおりである。

(二) その人にもっと良い異動の機会が他にある場合には、その人一人に頼りすぎるな。

彼を失うのは困るからと言って、その人の昇進のじゃまをするのは不当な扱いである。現在の場所で、彼が他と同等またはより良い待遇を受けるとその人に納得してもらわないかぎり、外部からの申し出を阻止するのは不当である。

さらに言えば、だれかを失ったときに困るような立場に自分がならないようにすべきである。あなたとキーマンの次に続く人を選んで育てなければならない。

(三) 部下の仕事を代わりにやったり、取り上げたりしないこと。

時には、問題を速く片付けるためにその仕事を任せた人をさしおいて、管理者が自分で直接手を下すことがある。確かにそれは上司が持つ特権ではあるが、任されていた部下のやる気を著しく損なうので、本当の緊急事態の場合にしかやってはいけない。一度その仕事を部下に任せたら、ある程度の不都合が起きてもその部下にやらせるべきである。部下に成功体験を積ませる機会を逃してはいけない。問題の詳細を十分に知らずに権限を振るうと、少なからぬ損害が出る可能性がある。

㈣　上司は部下に適切な情報を与え続ける義務がある。

不当な扱いのリストで、「権限無しの責任」の次に来るのは、「情報無しの責任」である。ある人に、過去の経緯、現状、将来の計画に関する十分な知識を与えずにその業務の責任を負わせた場合、その人に立派に任務を果たすように求めることは不公平である。多くの最前線の管理者がやっている非常に優れた方法は、ときどき課長クラスを集めた会議を開き、重要な方針、部門や会社の業務の進展を伝えて、現在何が起きているのかを知らせておくことである。

部下の能力を開発するために重要なことは、関係する分野について部下に情報の背景を十分に与えることである。一般的にはそれには出張も含まれる。仕事のためにではなく、むしろ仕事から離れるために、若い人を出張させるのが有益である場合もある。

㈤　部下を人の前、特にその人の部下の前で批判してはいけない。

これをすると、信望と士気を損なう。

あなた自身の失敗である場合、絶対に部下を批判してはいけない。往々にして、部下の失敗はあなたに起因している。助言することや、警告することを怠ったとか、部下をちゃんと教えなかったとかである。常に公平であるようにするべきである。

㈥　部下がやっていることに興味を示しなさい。

上司が部下の仕事に何の興味を持っていないと、部下はやる気をなくす。部下の仕事について、質問、コメントしたり、注目する必要がある。

㈦　部下が仕事をやり遂げたときに、ほめたり、報奨を与えたりする機会を逃すな。

部下に仕事をやり遂げさせるために批評したり、おどしたりするだけが上司の仕事ではない。最も優れた管理職は批評家であると同時に指導者である。したがって、上司の仕事の最良の部分は、部下を助けること、助言すること、励ますこと、鼓舞することである。

しかし、甘やかすことではない。場合によっては何としてでも厳しくしなければいけない。正当な理由があるときには、厳しく叱責することにより、部下は気を張りつめて仕事をするようになる。だが、厳しいだけでは部下は仕事が嫌になるだろう。

(八) 自分の部門、またはその部門の中の個人の責任をすべて引き受けること。

外部との仕事で部下があなたを失望させるようなことがあっても、決して責任を押し付けたり、部下を責めてはいけない。上司はすべてを管理しており、自分の部門の失敗も成功も管理者である上司のせいであるとみなされる。

(九) 部下が得る権利のある報酬を最大限に得ることができるように、やれるこ

とはすべてやってあげなさい。

これは、①傑出した仕事、②重い責任、③会社への貢献に対する最も適切な見返り、報酬である。（昇給の理由はこれらの三つの基準のどれか一つでなければならない。）

(十) 訪問者を接待する場合、面会時、会食時に部下を同席させなさい。

これはやりすぎかもしれないが、外部の専門家を接待するなら、自部門の専門家を同席させるのが仕事の上でも、礼儀の面でもよいと思われる。

(十一) 部下の個人的な利益、部下の家族を守るために、特に部下が困っているときには、やれることはすべてやってあげなさい。

部下に対する関心を、厳密に「会社の仕事」の範囲にだけにとどめてはいけない。理由さえあれば、その範囲を少しでも拡げるようにすべきである。たとえば、部下を故郷の町に出張に出す場合、都合が許せば、日曜日は家族と共に過ごせるように月曜日に仕事があるようにしてやるとよい。

このような心遣いが部下の士気や満足感に大きな違いを生む。部下を機械の歯車と考えるのではなく、チームの一員である一人の人間として扱うべきである。

この点については、部下の仕事に満足できない場合や、部下の仕事の不備を発見した場合には、部下本人と話し合うのが望ましい。確かに、これは容易なことではなく、落胆させたり怒らせたりしないようにする思いやりが必要であるが、やらなければいけないことである。最終的に部下を首にしようとするならば、次の二つの質問を受ける覚悟をしなければならない。「わたしの能力不足がわかるまでにどうして五年もかかったのですか？」、「どうしてわたしにこの欠点を直す機会を与えてくれなかったのですか？」。能力不足という理由で部下を首にするということは、彼が失敗したということと同時に、上司であるあなたも失敗したということである。

第三部　技術者個人の心がけ

技術者の行動の個人的、社会的な面の重要性は次の引用から理解できる。

「四〇〇〇件以上の最近の分析から、解雇された人の六二パーセントは社会的な不適応で、技術的な能力不足が理由であるのは三八パーセントであることがわかった。」

技術者の教育の九九パーセントが依然として純粋な技術教育にあてられている。しかし近年は、会社と従業員の関係という面だけではなく、個々の労働者の個人的な専門的またはその他の能力に関する人間性を管理する重要性が高まってきている。高度な教育を受けた専門家で、性格が良い人は、必然的に良い技術者であり、会社にとって非常に重要な人材であり、同じ技術的な教育を受けた社会的変人あるいは非適応者にくらべてずっと良いことは明らかである。普通の組織においては、仲間と自主的に協同しないと成果を出せないという基本的な事実の結果である。この協調性という問題には質的にも量的にも人格的な要因が大きく関わっている。

もちろん、人格と性格に関する内容は非常に広い範囲にわたっており、社会的、倫理的、宗教的見地からこれまでにも多くのことが書かれてきた。以下に示す規則は、「良い技術的慣行」または繰り返し得られた経験に基づいて純粋に実用的な見地から導かれたものである。前に示した条項と同様に、以下の規則は、だれでも知っている平凡なものではあるが、往々にして破られ、不幸な結果をもたらすものに限った。

三・一　性格と人格に関する規則

㈠　最も重要な個人の特質のひとつは、いろいろな種類の人たちとうまくやっていく能力である。

これはかなり広い意味を持つ特性ではあるが、どのような種類の技術的な組織においても一番必要な特性である。たぶん、この能力は普通に親しみのもてる性格に基づいていると思われるが、いろいろなやり方で獲得することができるとも言える。それは、首尾一貫して次の「金科玉条」を守ることである。以下に示すやるべきこと、やってはならないことは、そのような規則の具体的な条項である。

(ア) 個人の欠点を見るのではなく、良い面を評価するように努めること。

(イ) 些細なことでいらだたないこと。
攻撃的な人で、見境もなくいらいらいしやすい人がいる。

(ウ) 意見の違いによる不同意があってもうらんではいけない。
個人的なことにできるだけかかわらないようにして、客観的な根拠に基づいた議論をすること。

(エ) 他人の感情や関心を思いやる習慣をつけるようにすること。

(オ) 自分の利己的な利益にとらわれすぎないようにすること。
自分の利益を一番に考えるのは自然なことではあるけれども、そうすると、あなたの同僚は手助けしてくれなくなるだろう。逆に、利己的ではなく、自分の利益にとらわれていなければ、彼らはあなたの利益を守ってくれる。

成果の帰属を考える場合に特にこれが当てはまる。個人的な利益を追うことに時間を使うよりも、仕事の完遂や部下を鍛えることに心を配ることが大事である。他人が気がつかないという心配はない。賞賛に値する業績の名誉が得られないというのは、あまりに貪欲に名誉を欲しがるからである。

(カ) 機会があれば、他の人を助けるようにしなさい。

あなたが他人の便宜をはかることには満足感を感じないような意地悪な人であっても、人助けすることは良い投資であることを知るべきである。実業界では、組織の成員に協力とチームワークが求められる。自分の責任を過度におろそかにしないかぎり、気前よく人を助けるのが賢明な人、感じが良い人と他人に思われる。

(キ) どんな場合にも、公平・公正であるように注意しなさい。

ただ単に要求されたときに公平であるだけでなく、いつも必ず公平であれということである。ふだんは他人の観点からものごとを見ることをしないので、だれでも知らず知らずのうち公平でないことがよくある。他人の利益を公平に守れということである。たとえば、実際の落ち度は上司がその仕事に必要な手段を部下に与えなかったことなのに、与えられた仕事ができなかった場合に部下が不当に責められることがある。優位にある場合や他人を傷つけることができる立場にある場合には、「懸命」に公平公正であるよう努める責任がある。

(ク)　自分自身のことと自分の仕事のことをあまりにまじめに考えすぎてはいけない。

管理職であるならば、いつも無表情でいたり、きまじめで常にぴりぴりした空気を漂わせていたり、剥製のふくろうのように尊大でしかつめらしい威厳を保っているよりも、抑制のきいた普通の健全なユーモアのセンスをもっているほうがふさわしい。

米国の最高経営者は、その場にふさわしいときには、笑顔になったり、心から笑ったりするが、最も敵対する人でさえ、それについては非難しない。事態が困った展開をして、厄介な事態が生じたときには、正真正銘の危機のような緊迫した悲壮感を漂わすよりも、笑い飛ばすのが血圧にとっても、職場の士気にとってもよいことである。確かに、厳しい状況をまじめに受け取ることは必要であり、原則的には静かな威厳を保つことが必要であるが、自分のまわりに葬儀のような重苦しい雰囲気を漂わせるのはかえって害になる。

(ケ) 誠意をもってあいさつするようにしなさい。

当然のことであるが、真心は自然に生じるもので、ふりをするものでもなく、感情を抑制するものでもない。いつも廊下で行き違ったり、どこかで気にも留めないうちに出会ったりしている人がいることをだれもが知っている。あいさつをしないのは心理的抑制か、何かに気を取られているせいかわからないが、このような非社交的な人にはもう二度と会わなくても残念だと思わないだろう。逆に、他のことと同じように度を越すことはあるかもしれないが、誠意がありすぎる人がいるとは考えづらい。よそよそしい態度をとるのは改めるべきである。

(コ) 他人の悪意ある動機を疑いたくなるような場合にも、可能であれば、善意に解釈するようにしなさい。

お互いの不信感や疑いは、非常に深刻な無用の摩擦とトラブルを生むもととなる。これはとてもよくあることであり、国内または国際的な案件において、あらゆる階級の人、あらゆる種類の人の間に見られるものである。これは主に誤解や無視、無実であると証明されるまでは有罪であるという不寛容さから来るものである。確かにこの仮定は「安全側」の考えであるが、他人を下劣な悪党のように扱えば、その人はあなたを同じように扱うだろう。そしてたぶんその人は予期されたとおりに報いようとするだろう。逆に、同僚や部下があなたと同じように知識があり、合理的で、親切であると思って接すれば、たとえ彼らがそうではないとあなたが知っていても（その可能性は半々であっても）、もっと協力が得られるだろう。純真であれとか、おめでたい人であれという話ではなく、本当の可能性に注意を払うのに比べれば、この方法で失うものよりも、得るもののほうが大きいということである。

(二) あまりになれなれしくて（くだけすぎて）はいけない。

もちろん、いつも物わかりがよく、親しみがあるようにふるまって、だれとでも仲良くやっていこうとするのは間違いである。遅かれ早かれ、だれかがあなたの足元を見るようになり、譲歩するだけではトラブルを避けることができなくなる。だれかと衝突が避けられない場合には、いつでも戦う準備ができていることを示して、同僚から敬意を得るようにしなければいけない。シェークスピアはハムレットの中のポロニウスの息子への助言で次のように言わせている。「喧嘩は慎重に、しかし喧嘩になったら、相手がお前に一目置くまでとことんやれ。」

逆に、自分が正しいとわかっているときに、争いを避けるためだけにあまりに譲歩してはいけない。あなたが簡単に振り回されるような人であれば、多分そのように扱われるだろう。あなたの目標が戦いに値するものであるならば、自分から戦いを始めるのが良い場合があるだろう。

実際、競争が厳しい仕事をしているときは、常に戦いの最中にあるようなものだ。あるときには、その戦いは同じ会社内の部門間の戦いである。ベルトの下を打たない正々堂々の戦いであるかぎり、これはまったく健全なものである。しかし、できるかぎり友好的な試合の枠の中で行う必要がある。（同僚との論争の場合、上司に裁定を求めるよりも、話し合いで意見の相違を解決するのが賢明な手段である。）

同様に、部下との関係においては、規律を損なうほど気安くなってはいけない。時にはだれかを首にしたり、異動させたりすることがその部下にとって（会社にとっても）最も良いこととなる場合がある。しかるべき理由がある場合は、必ず厳しい叱責を受けなければならないということを、あなたの部下のだれもが知っていなければならない。規律が非常に厳しくても、合理的、公平、公正であるかぎり、また第二部で示したように、特に、適切な報奨、賞賛やその他の見返りで釣り合いがとれていれば問題ない。人を扱うときにあまりに放漫であったり、気難しかったりするのは、犬を痛めつけるためにそのしっぽを一センチずつ切っていくのと同じように、無益なことである。

㈢　誠実さが最も重要な強みである。

長い目で見れば、自尊心ほど重要なものはなく、それがありさえすれば、高い倫理感を保つ十分な動機となる。しかし、倫理と士気は別にしても、自分の誠実さを固く保つことの重要性には実際的な業務上の理由がある。

技術部門の最も顕著な現象は、ある期間一緒に仕事をしていたグループのメンバーの間では個人の性格が明らかになることである。非常に短い期間で各個人はどういう人かを、本人が考えているよりもずっと正確に認識され、値踏みされ、分類される。ある人が見せかけを装ったり、実際より自分をより良く見せようとしたりするのは、まったくばかげたように見えるというのは本当である。エマーソンも、「君があまりに大きな声でわめき立てるので、わたしは君の言うことが聞き取れない。」と書いている。実際、ある人が自分自身を理解しているよりも、同僚のほうが全体としてその人をずっと深く理解しているということがよくある。

したがって、見える形であれ、見えない形であれ、技術者として最良の職業倫理の基準に沿った自分の考えを自分の行動で示すことが必要である。その基準というのは、その基準を使って自分が他の人に評価してほしいものを指す。

さらに言えば、時には他の人にそれを押し付けられるにせよ、他の人が同じような倫理的な基準を持っていると信じることで、倫理的に好ましく、良い雰囲気を作る。だまされることに対するおそれの感情にとりつかれるのは二流、三流の人によくある性格である。この種の心理は、人を極端に用心深く、世間ずれした態度にする。思いやりがあり公平な心をもった同僚につけいる場合にも、自分自身のほうが非常に賢いと信じるようになる。反対に、大部分の一流の管理職は、だれに接するときでも非常に公平、公正で、率直である。実際、彼らのほとんどは、主にこの性格のおかげで現在の地位についているのであり、一流の指導者に必須の性格のひとつである。

妥協しない誠実さは極めて貴重で、信用に帰結する。同僚からの信用、部下からの信用、外部の人からの信用である。その人の言葉がその人間関係と同じくらい信用でき、その人の動機が疑いも無く立派であれば、業務・取引が著しくやりやすくなる。信用というのは業務にとってそれほど重要な財産であり、ある程度の信用があれば、ずるい手段で得ることができる一時的な利益を簡単に凌駕する。

誠実な性格は正直さと密接に関係している。正直さももう一つの重要な要素である。外からわかる目だった正直さは、人によっては、特に話し手の場合に、際立った強さと影響力の源となっていることがよくある。アブラハム・リンカーンがその代表例である。どんな人であっても、誠実さは常に高く評価され、不誠実であれば、それは直ちに察知されて評価は低くなる。

誤解を避けるために言っておくが、普通の人、特に普通の技術者も決して不正直な悪者ではないと認識しておくべきである。実際、普通の人は少しでも正直さや品性を疑われた場合には猛烈に抗議するだろう。しかし、この程度の普通の正直さは当たり前であり、ピンチに陥ったときには簡単に放棄されるので、特に重んじるほどのことではない。責任に応えるのが苦しくなった場合にはいつも、普通の人は大事な規律を捨てるか、ご都合主義に走るのである。これでは「誠実」にはほど遠い。困難な状況にならないかぎりはだまされることはないと信用することさえ難しい。

(四) 少しでも下品な言葉は広く伝わる。

工学は本来紳士の職業であるので、下品な言葉を使うとその人は不快なほど下品であるとみなされる。残念なことに下品さはいかつい男らしさを表すものと受けとられることもあるが、そのような考えを持っている技術者は、低く見られると知るべきである。

反対に、「しまった（damn）」という罵りの言葉を使ってはいけないという理由はない。それにふさわしい時と場合によっては、心からの感情の表出は強い感情の健全な表現となる。しかし、どんな場合でも卑猥な言葉は決して使ってはならない。口汚い人は軽蔑されるだけである。

㈤ 外見を気にしなさい。

一〇人中八人の技術者は自分の外見や身だしなみに十分な注意を払っている。残りの二人は以下の事柄のどれかを犯している。

① しわくちゃか汚れたスーツ。調和のとれていないズボン、コート、ベスト。

② 磨いていないか、くたびれた靴。

③ 半旗のような、片手で結んだようなネクタイ。ネクタイを一つしか持って

おらず、くたびれ果てている。スーツやシャツの色と全然なじまない色のネクタイ。これは芸術的な鑑識眼の問題だろう。

④　襟や袖口がぼろぼろ、または、汚いシャツ。

⑤　汚れた手。

⑥　垢がたまった爪、噛み切られた爪、極端に長い爪。極端に潔癖である必要はないが、汚れた爪をしていると、即座にその人は不注意でだらしがない人と思われる。（第一印象が重要な面接のときにはこれが特に大事である。）

もちろん、とても良い人でこのような細かなことに無頓着である人もいることはわかっているので、これらのことを無視する人がすべて粗野でだらしない教養のない人とは言えないが、逆に粗野でだらしない教養のない人はこれらの事柄を犯していると言ってよいだろう。

見かけが大事であることには議論の余地はない。見かけを大事にしないわけにはいかない。同僚や上司はあなたが思う以上にこういう細かなことを見ており、それによってあなたを評価している。

この点について、「従業員の考査」に関するパンフレットからの引用を以下に示す。

『ハロー効果』とは、ある特徴の評価が他の特徴の評価に影響されることを言う。身だしなみが良く礼儀正しい従業員は、他の特徴についても実際より高い評価を得る。

㈥ 自分と部下を見つめ直しなさい。

これまでに述べたように、普通の人は次のどちらかに関心がある。

㈠ より責任のある地位への昇進、または、

㈡ 成果の質と量に関する個人の能力の向上

これらはどちらも報酬の増加と仕事から得る満足感につながらなければいけない。

(ア)に関していえば、仕事の種類によらず、際立った実力を示したことに対してその人の管理責任を増すのは、望ましい、適切な見返りであると当たり前のように思われている。しかし、これは次の二つの観点のどちらかからすると、間違っていると思われる。

① 新しい仕事が、自分が思っていたのとちがって、少しもうれしくないのに驚くかもしれない。多くの場合、若い人は、責任が重くなることは権限が大きくなるとともに報酬も増すと考える。実際、「compensation（報酬）」という言葉は代償と言う意味で、余分な責任の重さに対する埋め合わせのために支払われる。もちろん、ほとんどの人は責任が増えたことでより大きな成功の機会が得られるので喜ぶが、普通の人の多くは、ただ負担が増えただけと感じる。技術者や科学者は、自分が管理職になったとたん、技術者や科学者として働く時間がなくなったことに驚くことがよくある。実際、管理職にとっては他の時間が全然ないこともある。

② ビジネスの観点から言って、優秀な科学者だからといって、良い管理職に

なれるとはかぎらない。一流の技術専門家の多くが、管理職に昇進したことが自分自身のためも、仕事のためにもならないことがよくある。

したがって、昇進しようとしている人も、人の昇進を考えている人も、このような事実をよく考慮しなければならない。顕著な成果をあげた人を処遇するには他の方法もある。

しかし、自分自身、または処遇してやりたい人が、管理職か専門職のどちらでいるのがより幸せで有用であるかを事前に決めることは簡単ではない。このための確実な判断基準はないが、一般的には性格と個性によって以下の二つのタイプに区分することができる。

もちろん、多くの人はこれらの間に入るか、これらが混じり合っている。**表1**に示した特性は顕著なタイプを示したものである。それでも、自分の特性の多くが右の欄にある場合は、管理職で成功する見込みは低いことを示している。逆に、専門職の能力を向上させることに関心があるのなら、左の欄の自分の強みをさらに伸ばすのが右の欄の長所を強化するのに役立つ。

管　理　職	専　門　職
帰納的な論理を使う	演繹的な論理を使う
競争精神が旺盛	「自分も生き、他人も生かせよ（お互いに干渉しない）」と考える
大胆、ずぶとい	ひかえめ
勇敢	内気な
やかましい	静か
積極的、意欲的	自制的、遠慮がち
しぶとい、頑強な	傷つきやすい、神経質な
自信のある	従順な
直情的な	知的な
精力的な、エネルギッシュな	思索的、冷静な
自分の意見に固執した、非寛容	寛容
断固とした	順応性のある
気短な、せっかちな	忍耐強い
進取の気性	保守的

表１　管理職と専門職の性格

管　理　職	専　門　職
外向性	内向性
思いやりがある	打ち解けない、よそよそしい
社交的な、交際上手な	孤独を愛する
人を好む	専門的な業務を好む
人に関心を持つ	仕組みやアイデアに関心を持つ
関心： ビジネス コスト 損益 経験	関心： 科学 数学 文学 原理
多くのことをやり遂げる能力	難しいことをやり遂げる能力
実際的	理想的
広範な（広い視野）	徹底的な（一点集中）
統合者	分析者
速い、直感的	遅い、系統的
リーダーシップの才能	独立独歩、自立

次の二つの事実がこの点に関係している。

① その地位にかかわらず、それに自己満足していようがいまいが、常に向上する余地、それも大きな余地がある。

② 持って生まれたハンディキャップが何であれ、努力を続ける意志と決意とやる気させあれば、常に勉強と実践で改善することが可能である。

これは装置の部品の設計に似ている。経験を積んだ技術者は、再設計することにより大きな改善ができることをだれでも知っている。やってみると、「良い技術者を設計、開発する」ことほど興味深く有益なことは他にはないことがわかるだろう。昔、アレキサンダー・ポープ（訳注：イギリスの詩人（一六八八～一七四四））が次のように書いている。

人間の真の研究対象は人間である。

前に説明したように、これは自分自身の啓発と同じように部下の啓発についてもあてはまる。同じように、部下の評価や選考にもあてはまる。最終的な成功について、管理職自身の性格の次に重要なファクターは部下の力量である。事実、管理職の性格はそれほど重要ではないとはっきり言える場合がある。それは、その人が賢明にも自分の周りに最高の人材を集めて仕事をさせる場合である。自分の技術者たちがその業界の水準の少し上であるか下であるかで、仕事の成功／失敗が決まることが多い。

圧倒的大多数の場合、技術者の能力の決定的な差異は比較的小さいということが重要な事実である。たまにしかいない天才か、よほど劣っていないかぎり、どの業界でも大多数の人や大組織の主力を成す人たちは、平均的な人たちである。一般的に、良いポストのために人を選ぼうと管理職が組織を見渡すとき、選考を通ってくる人は欠点をほとんど持っていない人である。そして、最終的に選ばれる人は欠点が最も少ない人になる。このように、多くの上級管理職は目立った非凡な才能ではなく、性格的な欠点が比較的少ないということで選ばれたのである。非凡な才能は身近にはなかなかいないものである。

これは「業界のリーダーたちがどういう特別な『肉』を食べて育ったか?」と畏敬と興味の眼差しで見ている若い人にとっては元気づけられることだろう。持って生まれた資質の点では、一〇人中の九人までは成功に必要なものを持っている。大事なのは持っているものを最大限に生かすことである。

この目的のためには、いろいろな業界で作られてきた従業員査定表を調べるのが役に立つ。表のサンプルとこの件に関する一般的な考察については「従業員の査定」に関する本や資料に載っている。これらの表のほとんどが、持って生まれた特質ではなく、主に後天的な特質について注目していることが目を引く。人を評価するときの特質のほとんどは、悪い習慣や単なる無知である。すなわち、自分の意志で抑制し、直すことができる特質である。

結論

ここまでに示した「規則」は、成功する技術者になるための一般的な規則のうちの基本的なものを示したにすぎない。重要な事項をすべて記すと以下のとおりである。

(ア) 書かれた規則（科学）
(イ) 不文律。（前項までに説明したものは明らかに予備的で不完全な要約にすぎない。）
(ウ) 持って生まれた素質（知性、想像力、健康、活力、等）
(エ) 幸運、好機、機会（「運」の良し悪し）

運の良し悪しが時折影響をおよぼすのは疑いのないことなので、最後の項を入れた。しかし、おおざっぱに言って、長い間には運も平均化されてしまう。人が好機を探しているより、好機が人を探していることのほうが多い。

自分が持って生まれた才能に関してできることは、それを大事に使い、さらに伸ばし、最大限に役立たせることである。

まだ書かれていないことも含め「不文律」が必要なのは、才能を生かすための努力に関する指針を我々に与えてくれるからである。

正規教育においては「書かれた規則」にほとんどの注意が向けられているが、卒業後までその勉学の結果が効果的であるとは言えない。多くの場合、優れた技術的な知識と訓練は、重要な地位にふさわしい人の選考に関してはあまり重要な考慮内容ではない。

専門的な能力を向上させることに関心がある人は、書かれた規則と書かれていない規則の両方をよく学べば、高い投資効果が得られることを知るべきである。しかし、現在の状況においては、ほとんどの工学部出身者は、「不文律」についてはともあれ、書かれた規則に関しては飽和点に達しているだろう。

科学と同じように、これまでに説かれてきたいろいろな法則は、それが本当に有用な強みとなるならば、粘り強く現実問題に適用され、発展させられなければならない。キリスト教の教義を受け入れることがそれを実践することよりも容易であるのと同じように、これらの「法則」の有用性を認めることは、これを堅実に実行するよりもはるかに簡単である。ここで重要なのは、可能な限りこれらの専門的な技量を伸ばすために好ましい環境を選ぶことである。若い医師がメイヨークリニック（訳注：米国で最も優れた総合病院の一つ）で病院実習をするのが有益であるのと同様に、大きい技術組織で働くことが大きな利点のひとつであることに疑いの余地はない。前にも述べたように、たぶんもっと重要なことは、特に見習い期間である最初の数年間の上司の選び方である。適切な実地体験に勝る指導はない。しかし残念なことに、この種の実例はまわりにたくさんあるわけではないので、自分が専門職として生きていくための法則を作るために、とにかく自分で「ゲームのルール」を研究する必要があるのである。

一　新人がまず学ばなければならないこと

一・一　自分の仕事について

㈠　最初に与えられた仕事がどんなつまらない、ささいなことでも、全力を尽くせ。

㈡　仕事をやり遂げる能力こそが重要。

㈢　プロジェクトを遂行する際には、だれか――職工長、供給メーカー他――が品物を持ってきてくれるのをだまって待っていてはいけない。彼らを追いまわし、しつこくいさがることが必要である。

㈣　書いたもの（文書）であなたの指示や他の人からの約束を確認すべきである。

㈤　苦情対応や他の業務で出張する場合は、その業務に集中し、完了するまでやり通すこと。

㈥　優柔不断であることを見せないようにしなさい。

要　約

(七)　遠慮せずに自分の考えを言うべきである。

(八)　重要な実行案の承認を求める前に、その具体的な計画と予定表を作りなさい。

(九)　口頭や文書による報告が簡潔、明快にできるように努力しなさい。

(十)　記述、説明、報告は絶対に正確でなければならない。

一・二　上司との関係について

(一)　管理職は自分の管轄領域で何が起きているかを知っていなければならない。

(二)　あなたは上司のために働いているという事実を忘れてはならない。

(三)　上司を選ぶ際にはできるかぎりこだわりなさい。

(四)　上司に対してしなければならない一番重要なことは、重要な進捗を常に報告することである。

(五)　上司が要求することを最優先すべきである。

(六) 上司の指示に従うことに満足していてはいけない。

一・三　同僚や外部の人との関係について

(一) 他の部門の領分に、その部門の責任者に知らせずに、または、了解を得ることなしに立ち入ってはならない。
(二) すべての業務において、その業務に関係するすべての人に知らせることを忘れてはならない。
(三) 他の部門の利害が関わっている場合には、手紙、メモ等のコピーを配布する相手について気をつけなければならない。
(四) 約束、スケジュール、見積が仕事にとって必須の重要な手段である。
(五) 他の部門にやってもらった仕事に満足できないときには、その仕事の直接の責任者に苦情を伝えなさい。
(六) 顧客や外部の人と交渉するするときは、表向きはあなたが全責任と全権限を持って会社を代表していることを忘れてはいけない。

二　主に技術部門の管理職について

二・一　個人的な行動とその方法

㈠　管理職は自分の管轄領域で何が起きているかを知っていなければならない。

㈡　自分で全部をやろうとしてはならない。

㈢　自分の仕事に専念するときには、最初にやるべきことを最初にやりなさい。

㈣　問題をできるかぎり単純化する習慣をつけなさい。最も単純なことにまで落とし込む習慣をつけなさい。

㈤　技術的な緊急事態に際して慌ててはならない。地に足をつけていなければいけない。

㈥　技術的な会議は大きすぎてもいけないが小さすぎてもいけない。

(七) すばやく明確な決断をする習慣をつけること。
(八) 大事な決断または方針を発表する前には、必要な「準備」をしなければいけない。

二・二 設計開発プロジェクトの管理

(一) 技術的な計画をたてるときには「確実性の危険（リスクをとらないことによる危険、弊害）」に気をつけなければならない。
(二) 計画をたて、その計画にしたがって実行しなさい。
(三) 最後になってあわててスケジュールに間に合わせることにならないように、生産に入るじゅうぶん前に開発が完了するように計画をたてるべきである。
(四) 開発が十分に進んだときに、設計を確定する。
(五) 実際の費用、時間、人数と見合った成果が出ていることを確かめるために、常に進捗と動きを見守ること。

(六) 定期的な進捗状況の報告書とプロジェクトの完了報告書を提出させること、提出することを義務付けること。

二・三 組織に関する注意事項

(一) ひとりの人が持つ直接の部下の数をあまり多くしてはいけない。

(二) はっきり責任を割り当てること。

(三) 十分な法的権限を持っていなくても、必要な権限を持っているようにふるまいなさい。

(四) 「ボトルネック」を作らないこと。

(五) 技術部門の組織を作るときには、製品ごとに責任部署を決めるのと同じように、技術領域ごとに責任部署を決めるべきである。

二・四 部下に対する義務

(一) 部下が個人的、専門的な関心を持つようにすべての機会をとらえて奨

要約

励すること。

(二) その人にもっと良い異動の機会が他にある場合には、その人一人に頼りすぎるな。

(三) 部下の仕事を代わりにやったり、取り上げたりしないこと。

(四) 上司は部下に適切な情報を与え続ける義務がある。

(五) 部下を人の前、特にその人の部下の前で批判してはいけない。

(六) 部下がやっていることに興味を示しなさい。

(七) 部下が仕事をやり遂げたときに、ほめたり、報奨を与えたりする機会を逃すな。

(八) 自分の部門、またはその部門の中の個人の責任をすべて引き受けること。

(九) 部下が得る権利のある報酬を最大限に得ることができるように、やれることはすべてやってあげなさい。

(十) 訪問者を接待する場合、面会時、会食時に部下を同席させなさい。

(十) 部下の個人的な利益、部下の家族を守るために、特に部下が困っているときには、やれることはすべてやってあげなさい。

三 技術者個人の心がけ

三・一 性格と人格に関する規則

(一) 最も重要な個人の特質のひとつは、いろいろな種類の人たちとうまくやっていく能力である。
(二) あまりになれなれしくて（くだけすぎて）はいけない。
(三) 誠実さが最も重要な強みである。
(四) 少しでも下品な言葉は広く伝わる。
(五) 外見を気にしなさい。
(六) 自分と部下を見つめ直しなさい。

訳者略歴

滝　敏美
（たき　としみ）

1955年生まれ
1980年　東京大学工学系大学院航空学修士課程修了
1980年　川崎重工業（株）入社
国内外の航空機開発に参加。専門分野は航空機構造解析、航空機構造試験、航空機複合材構造
2017年　博士（工学）（東京大学）
所属学会：日本航空宇宙学会、日本機械学会
著書『航空機構造解析の基礎と実際』（プレアデス出版）
訳書『航空機構造』（プレアデス出版）

技術者のための心得帳
──成功するエンジニアの不文律──

2018年7月2日　第1版第1刷発行

著　者　W. J. キング
訳　者　滝　　敏美
発行者　麻畑　　仁
発行所　㈲プレアデス出版
〒399-8301　長野県安曇野市穂高有明7345-187
TEL 0263-31-5023　FAX 0263-31-5024
http://www.pleiades-publishing.co.jp
装　丁　林　　聡美
組　版　松岡　　徹
印刷所　亜細亜印刷株式会社
製本所　株式会社渋谷文泉閣

落丁・乱丁本はお取り替えいたします。定価はカバーに表示してあります。
ISBN978-4-903814-88-9　C0050　　Printed in Japan